BEI GRIN MACHT SICH IHR WISSEN BEZAHLT

AF141828

- Wir veröffentlichen Ihre Hausarbeit, Bachelor- und Masterarbeit

- Ihr eigenes eBook und Buch - weltweit in allen wichtigen Shops

- Verdienen Sie an jedem Verkauf

Jetzt bei www.GRIN.com hochladen und kostenlos publizieren

Marina Kust

Blut und Blutkrankheiten

GRIN Verlag

Bibliografische Information der Deutschen Nationalbibliothek:

Die Deutsche Bibliothek verzeichnet diese Publikation in der Deutschen National-
bibliografie; detaillierte bibliografische Daten sind im Internet über http://dnb.d-
nb.de/ abrufbar.

Dieses Werk sowie alle darin enthaltenen einzelnen Beiträge und Abbildungen
sind urheberrechtlich geschützt. Jede Verwertung, die nicht ausdrücklich vom
Urheberrechtsschutz zugelassen ist, bedarf der vorherigen Zustimmung des Verla-
ges. Das gilt insbesondere für Vervielfältigungen, Bearbeitungen, Übersetzungen,
Mikroverfilmungen, Auswertungen durch Datenbanken und für die Einspeicherung
und Verarbeitung in elektronische Systeme. Alle Rechte, auch die des auszugsweisen
Nachdrucks, der fotomechanischen Wiedergabe (einschließlich Mikrokopie) sowie
der Auswertung durch Datenbanken oder ähnliche Einrichtungen, vorbehalten.

Impressum:

Copyright © 2006 GRIN Verlag GmbH
Druck und Bindung: Books on Demand GmbH, Norderstedt Germany
ISBN: 978-3-640-26245-8

Dieses Buch bei GRIN:

http://www.grin.com/de/e-book/61995/blut-und-blutkrankheiten

GRIN - Your knowledge has value

Der GRIN Verlag publiziert seit 1998 wissenschaftliche Arbeiten von Studenten, Hochschullehrern und anderen Akademikern als eBook und gedrucktes Buch. Die Verlagswebsite www.grin.com ist die ideale Plattform zur Veröffentlichung von Hausarbeiten, Abschlussarbeiten, wissenschaftlichen Aufsätzen, Dissertationen und Fachbüchern.

Besuchen Sie uns im Internet:

http://www.grin.com/

http://www.facebook.com/grincom

http://www.twitter.com/grin_com

Leistungsnachweis im Fach Zoologie

Thema:

Blut und Blutkrankheiten

Inhaltsverzeichnis

1   Was versteht man unter Blut?

1.1   Allgemein

Als Blut wird die Flüssigkeit aus dem geschlossenen Kreislaufsystem von allen Vertebraten, einigen Invertebraten, Anneliden und Cephalopoden bezeichnet. Es vermischt sich nicht
mit der Interstitialflüssigkeit, deswegen wird es von der Hämolymphe, die bei Tieren mit
offenem Kreislaufsystem vorkommt, unterschieden.[1]

Als Trägerflüssigkeit transportiert das Blut im physiologisch gelösten Zustand und mit
Hilfe von speziellen Zellen und Proteinen die Atemgase O_2 und CO_2 (nicht bei den Insekten),
verschiedene Stoffe des Metabolismus der Körperzellen, Hormone und Ionen. Im Blut sind
außerdem bestimmte Zellen und Proteine, die für die Körperabwehr verantwortlich sind, enthalten. Die anderen Zellen und Proteine spielen bei der Schutzfunktion des Blutes eine wichtige Rolle (Wundverschluss). Im Blut wird Wasser gespeichert. Mit Hilfe des Blutflusses
kann die Wärme gleichmäßig über den Körper verteilt werden. Das Blut spielt zudem bei der
Formgebung des Gewebes eine Rolle, wie z. B. beim erektilen Gewebe.[2]

Bei Wirbeltieren schwankt das Blutvolumen zwischen Werten von 3 % (wie bei einigen
Fischen) bis zu Werten von 8 % des Körpergewichtes und mehr (bspw. bei Vögeln und tau-
chenden Wirbeltieren wie Seeschlangen und Robben).[3] Der Anteil von Hämolymphe bei wirbellosen Tieren beträgt 30–40 % des Körpergewichts.[4]

Die Farbe von Blut und Hämolymphe ist bei verschiedenen Tieren unterschiedlich. Sie
wird meist durch respiratorische Stoffe bestimmt. Das Hämerythrin ist farblos im oxygenierten und rosarot im nicht oxygenierten Zustand, so wie bei einigen Anneliden, Brachiopoden,
Priapuliden und Sipunculiden. Bei manchen Mollusken, Crustaceen und Arachniden ist die
Farbe des oxygenierten bzw. nicht oxygenierten Hämocyanins farblos bzw. blau. Bei manchen Anneliden und Polychaeten ist Chlorocruoin das respiratorische Protein. Es hat in bei-
den Zuständen eine grüne Farbe. Vertebraten, Echinodermaten, Arthropoden, manche Mollusken, einige Anneliden, Nemathelminten und Protozoen besitzen Hämoglobin, deren Farbe
im nicht oxygenierten Zustand dunkelrot und im oxygenierten hellrot ist.[5]

---

[1]   vgl. Heldmaier et al., 2004 [generelle Anmerkung für alle Fußnoten: Seitenzahlen nennen! Wenigstens ab und zu!]
[2]   vgl. Held, 2004
[3]   vgl. Heldmaier eet al., 2004
[4]   vgl. Held, 2004
[5]   vgl. Heldmaier eet al., 2004

1.2   Zusammensetzung des Blutes

Die Wirbellosen haben bis zu 32 verschiedene Zelltypen. Die häufigsten sind kernhaltige und bewegliche Amoebozyten und Coelomozyten. Erstere dienen der Phagozytose, dem Nährstofftransport und Wundverschluss und kommen bei Schwämmen und Lungenschnecken vor. Coelomozyten sind bei Anneliden für den Transport von Nährstoffen, Exkretion und für die zelluläre Immunabwehr zuständig.[6]

Das Blut von Wirbeltieren ist eine wässrige Lösung mit Blutzellen, Proteinen, Ionen und Stoffen des Metabolismus. Ohne Blutzellen wird die Lösung als Blutplasma bezeichnet. Die Flüssigkeit, die übrig bleibt, wenn man Blutzellen und Gerinnungsproteine entfernt, nennt man Serum.

Blutplasma und Zellen kann man leicht mit Hilfe von Zentrifugation auftrennen. Die schweren Blutzellen (Erythrozyten und Thrombozyten) sinken nach unten, die leichteren Leukozyten bilden eine mittlere Schicht und ganz leichte Plasmabestandteile bleiben als Überstand.[7]

Der Proteingehalt von Blutplasma beträgt bei den Wirbeltieren 30–80 g/l.[8]

Die zellulären Bestandteile am gesamten Blut werden als Hämatokrit bezeichnet. Bei Menschen beträgt es 37–54 %, bei Vögeln und Kleinsäugern kann es einen Anteil von 50 % übersteigen.[9]

---

[6]   vgl. Held, 2004
[7]   vgl. Held, 2004
[8]   vgl. Heldmaier et al., 2004
[9]   vgl. Heldmaier et al., 2004

2   Das menschliche Blut

2.1   Bestandteile und ihre Funktionen

Das menschliche Blut setzt sich aus ca. 45 % Blutzellen und 55 % Plasma zusammen. Das Blutplasma besteht aus 90 % Wasser und 10 % gelösten Stoffen. 70 % der gelösten Stoffe sind Proteine, 20 % sind niedermolekulare Stoffe wie Zucker, Fette und Aminosäuren, 10 % sind Elektrolyte.[10]

2.1.1   Blutzellen

Der Anteil der Blutzellen am gesamten Blut (Hämatokrit) beträgt bei Frauen 37–47 %, bei Männern 40–54 %. Die meisten Blutzellen sind Erythrozyten, ihr Anteil am Blut beträgt 98 %. Die restlichen 2 % sind Thrombozyten und Leukozyten. Alle Blutzellen stammen von den Stammzellen des Knochenmarks ab.[11]

Die Erythrozyten besitzen Hämoglobin, welches dem Blut seine rote Farbe verleiht und zum Transport von Atemgasen wie O_2 und CO_2 dient. Bei Menschen sind die Zellen kernlos und haben ca. 100 Tage Lebensdauer. Sie werden im Knochenmark gebildet und in sekundären lymphatischen Organen weiterentwickelt. Abgebaut werden sie in Leber, Milz, Knochenmark und Lymphknoten. Die Bildung wird durch das Hormon Erythropoetin erregt. Normalerweise sind 5–6 Mio. Zellen pro µl im Blut, auf hohen Bergen steigt deren Zahl wegen Sauerstoffmangel im Luft auf bis zu 8 Mio. Zellen.[12]

Die Leukozyten sind für die Immunabwehr des Körpers verantwortlich. Sie sind kernhaltig und deren Anzahl beträgt etwa 4.000-10.000 in µl Blut. Alle Leukozyten können die Wände von Blutgefäßen durchwandern. 50 % von ihnen befinden sich im extravasalen interstitiellen Raum und 30 % im Knochenmark. Sie werden im Knochenmark und in den Organen des Lymphsystems synthetisiert und durch Makrophagen abgebaut. Die Leukozyten werden in 3 verschiedene Typen unterteilt: Granulozyten, Lymphozyten und Monozyten.[13]

---

[10]   Vorlesung Tierphysiologie 2006
[11]   vgl. Hick et al., 1995
[12]   vgl. Held, 2004; Vorlesung Tierphysiologie 2006, vgl. Heldmaier et al., 2004 sowie Hick et al., 1995
[13]   vgl. Hick et al., 1995 sowie Held, 2004

Etwa 60 % der Leukozyten sind die Granulozyten, sie sind die Hauptträger der zellulären unspezifischen Abwehr: Sie phagozytieren und schütten die toxischen Granula-Substanzen und Histamine aus. Die Lebenszeit von Granulozyten beträgt etwa 2 Tage. Sie besitzen granuläre Strukturen. Mit Hilfe von Färbemethoden kann man zwischen drei Arten unterscheiden:

1. Die neutrophilen Granulozyten: Sie machen 60 % von allen Granulozyten aus und können Mikrophagen bilden. Sie sind für die allgemeine Immunabwehr durch die Phagozytose bestimmt. Aus den abgestorbenen Mikrophagen wird Eiter gebildet.

2. Die eosinophilen Granulozyten (3 %). Sie sind auch für die Phagozytose bestimmt. Ihre Anzahl steigt bei den Allergien.

3. Die basophilen Granulozyten (1 %). Diese werden ebenfalls bei Allergien aktiv und bilden die Mastzellen, welche Transmitterstoffe wie Prostoglandine, Histamin und Serotonin freisetzen.[14]

34 % von Leukozyten sind Lymphozyten. Ihre Aufgabe ist die spezifische Immunabwehr. Sie teilen sich in B-Zellen, die Antikörper bilden und zu Plasmazellen der Lympha umdifferenzieren können, und T-Zellen, die gegen Viren toxisch sind. Die T-Helferzellen werden durch B-Zellen reguliert.

6 % der Leukozyten sind Monozyten. Die wichtigste Funktion von Zellen ist die Phagozytose durch die unspezifische Esterase. Die Monozyten sind ungranuliert. Es gibt freie Monozyten, die sich amöboid bewegen, und sessile Monozyten wie Gewebemakrophagen. Die Monozyten können sich sowohl im interstitiellen Gewebe als auch in Lymphknoten, Alveolarwenden, Leber, Milz und Knochenmark befinden.[15]

Die Thrombozyten sind bei der Blutgerinnung beteiligt. Sie sind sekundär kernlos und werden aus Megakaryozyten gebildet.[16]

---

[14] Vorlesung Tierphysiologie 2006; vgl. Held, 2004
[15] vgl. Hick et al., 1995
[16] vgl. Held, 2004

2.1.2   Proteine

Der Proteingehalt von Blutplasma beträgt bei Menschen 60–80 g/l.[17] Die Proteine haben eine molare Konzentration von 1 mmol/l aufgrund ihres hohen Molekulargewichts. Sie werden in der Leber synthetisiert. So sind die Plasmaproteine Indikatoren für die Leberfunktion. Das häufigste Protein Albumin ist ca. 69.000 Da groß und macht ca. 55–65 % der Plasmaproteine aus, also 40 % aller Albumine im ganzen Körper. Die anderen 60 % befinden sich im Extrazellulärraum der Lymphe. Dieser hat eine Reservefunktion und wird bei mangelhafter Ernährung als Erstes verdaut. Als Trägerprotein transportiert es lipophile und hydrophile Moleküle wie Vitamine und Pharmaka, freie Fettsäuren, Tryptophan, Bilirubin, Ca^{2+}, Mg^{2+} und Spurenelemente. Präalbumin bindet das Schilddrüsenhormon Thyroxin. Als das häufigste große Molekül spielt das Albumin bei Aufrechterhaltung vom kolloidosmotischem Druck eine wichtige Rolle. Bei normaler Ernährung werden pro Tag 10–17 g Albumin synthetisiert. Nach 10–15 Tagen muss die Hälfte des Albumins neu synthetisiert werden.

γ-Globuline sind etwa 150.000 Da groß und ihr Anteil an allen Proteinen beträgt 15–20 %. Sie sind die Immunoglobuline, die gegen körperfremde Proteine gerichtet sind. Man unterscheidet 4 Arten von Immunoglobulinen (Ig): IgG, IgA, IgM, IgE.

β-Globuline sind 8-12 % von allen Plasmaproteinen. Unter diesen Globulinen unterscheidet man β-Lipoprotein, 1.300.000 Da groß, auch „low density lipoprotein" genannt, das Lipide wie Cholesterin transportiert; Fibrinogen, 400.000 Da groß, das bei der Blutgerinnung eine wichtige Rolle spielt und Transferrin, ca. 90.000 Da groß, das für den Eisentransport zuständig ist.

α_2-Globuline machen 7 % aller Plasmaproteine aus. Diese werden auf α_2-Makroglobuline, die Proteaseinhibitoren und α_2-Haptoglobulin, das für die Bindung von gelöstem Hämoglobin und Coeruloplasmin für Kupfertransport zuständig ist, aufgeteilt.

Der Anteil der α_1-Globuline beträgt 2,5–4 % an allen Plasmaproteinen. α_1-Lipoprotein ist 200.000 Da groß, wird auch „high density lipoprotein" genannt und dient zum Transport von Lipiden wie Phospholipiden. Saures α_1-Glykoprotein ist ein Gewebeabbauprodukt. Antithrombin III ist für die Thrombinhemmung verantwortlich.[18]

---

[17]   vgl. Heldmaier et al., 2004
[18]   vgl. Hick et al., 1995 sowie Heldmaier et al., 2004

2.2 Immunsystem

Der Körper des Menschen besitzt spezifische und unspezifische Abwehrsysteme. Für die unspezifische Abwehr stehen die Mechanismen der allgemeinen Verteidigung zur Verfügung. Für die spezifische Abwehr existieren Zellen mit bestimmten Oberflächen, mit deren Hilfe sie verschiedene Fremdstoffe erkennen können, und ein Mechanismus des immunologischen „Gedächtnisses".

An der unspezifischen Abwehr sind Granulozyten, Monozyten (siehe 2.1) und die Mechanismen wie das Komplementsystem, Lysozym, C-reaktives Protein und Interferone beteiligt.

Das Komplementärsystem besteht aus einer Gruppe von 9 Plasmaproteinen, die aus inaktiven Vorstufen durch die Faktoren, welche von Leberzellen, Darmepithelien und Makrophagen gebildet werden, aktiviert werden.

Lysozym ist ein Enzym, welches das Wachstum von Viren und Bakterien hemmt. Es ist in Granula von Granulozyten, Makrophagen, Schleimhaut und Konjunktivasekret zu finden.

C-reaktives Protein kommt bei den bakteriellen Infektionen vor. Es phagozytiert die Bakterien und aktiviert das Komplementsystem.

Die Interferone kommen bei der Virusinfektion vor und weisen die antiviralen und immunmodulierenden Eigenschaften aus. Durch sie wird die Teilungsfähigkeit von Zellen verringert und die Zeit bis zur Antikörperbildung überbrückt.[19]

B- und T-Lymphozyten sind die Träger der spezifischen Abwehr (siehe auch 2.1).

B-Lymphozyten produzieren Immunoglobuline (siehe 2.1, γ-Globuline).

Zu den T-Lymphozyten zählen CD4[+] T-Helferzellen und CD8[+] T-Zellen (cytotoxische Zellen). Die T-Helferzellen tragen ein CD4-Protein mit einem Co-Rezeptor an ihrer Oberfläche und regulieren die Immunantwort durch die freigesetzten Cytokine. So werden von verschiedenen T-Helferzellen Makrophagen und B-Zellen aktiviert. Die cytoxischen Zellen tragen ein CD8-Protein mit einem Co-Rezeptor und sind auf die Erkennung und Lyse von Krebszellen und virusinfizierten Zellen angewiesen.[20]

---

[19]   vgl. Hick et al., 1995
[20]   vgl. Held, 2004

2.3 Blutgerinnung

Bei Verletzungen der Blutgefäße wird die betroffene Stelle durch die Blutgerinnung verschlossen. Ein Blutgerinnungsprozess ist die Kaskade von Gerinnungsfaktoren, an der die Thrombozyten beteiligt sind. Die Gerinnungsfaktoren sind Enzyme, Proteine des Blutplasmas, die am normalen Verlauf der Blutgerinnung mitwirken (Tabelle 1). Sie befinden sich im intakten Zustand im Blut oder werden von Thrombozyten freigesetzt.[21]

Tabelle 1: Gerinnungsfaktoren bei Menschen[22]

Faktor I	Fibrinogen
Faktor II	Prothrombin
Faktor III	Thrombokinase/Thromboplastin Faktor V, X
Faktor IV	Kalcium
Faktor V	Proaccelerin
Faktor VI	Aktivierter Faktor V
Faktor VII	Prokonvertin
Faktor VIII	Antihämophiles Globulin
Faktor IX	Christmas-Faktor
Faktor X	Stuart-Prower-Faktor
Faktor XI	PTA (Plasma thromboplastin antecedent)
Faktor XII	Hageman-Faktor
Faktor XIII	Fibrin-stabilisierender Faktor

---

[21]   vgl. Frick, 1980; Burkhardt et al., 1978 sowie Held, 2004
[22]   vgl. Hick et al., 1995

3 Blutkrankheiten bei Menschen

3.1 Einführung

Es gibt eine große Zahl von Blutkrankheiten. Sehr viel häufiger als angeborene oder erworbene Blutstörungen kommen krankhafte Veränderungen des Blutes vor.[23] Einige Beispiele für die Blutstörungen sind verschiedene Formen von Anämien, Gerinnungsstörungen und AIDS.

Verschiedene Ursachen können die Blutkrankheiten hervorrufen. Diese können auf erblichen Fehlern in Proteinen beruhen oder auf einem Mangel an wichtigen Stoffen, welcher funktionelle Störungen von Blutzellen verursacht, wie bspw. bei Anämien. Bei der Blutgerinnung können die Störungen in einer Kettenreaktion auftreten.[24] Das erworbene Immunschwächesyndrom wird durch Viren verursacht, welche das Immunsystem des Menschen angreifen.[25] Oft führen Krankheiten, die gar nichts mit dem Blut zu tun haben dazu, dass die blutbildenden Gewebe beschädigt werden und als Folge die Veränderungen des Blutes verursachen.[26]

---

[23] vgl. Burkhardt et al., 1978
[24] vgl. Heldmaier et al., 2004
[25] vgl. Madigan et al., 2006
[26] vgl. Burkhardt et al., 1978

3.2   Anämie[27]

Die Anämie ist die häufigste aller Blutkrankheiten. Sie entsteht durch die Abnahme der Hämoglobin-Konzentration, der Erythrozytenzahl und des Hämatokrits im Blut. Bei Männern sinkt die Konzentration auf unter 14 g/100 ml, bei Frauen unter 12 g/100 ml. Die verschiedenen Arten dieser Krankheit werden nach der Ursache und nach weiteren festgelegten Maßzahlen unterschieden. Die Maßzahlen werden wie folgt berechnet ($_{norm}$ steht für Normwerte):

- Mittleres korpuskuläres Hämoglobin (MCH, Mean Cellular Hämoglobin): Es bestimmt die mittlere *Hämoglobinmasse eines Erythrozyten*:

MCH [pg] = Hämoglobinkonzentration [g/100ml]*10/Erythrozytenzahl [10^6/mm^3]

MCH_{norm} = 28 – 32 pg

- Mittleres korpuskuläres Volumen (MCV, Mean Cellular Volume): Es bestimmt das mittlere *Volumen eines Erythrozyten*:

MCV [µm^3] = Hämatokrit [%]*10 / Erythrozytenzahl [10^6/mm^3]

MCV $_{norm}$ = 87 – 95 µm^3

Bei akutem Blutverlust kommt es zu den normochromen Anämien. Die Maßzahlen bleiben in diesem Fall unverändert.

Bei niedriger Hämoglobinmasse in einem einzelnen Erytrozyt (MCH kleiner als 26 pg), bspw. bei der Eisenmangelanämie, spricht man von einer hypochromen Anämie.

Bei einer höheren Hämoglobinmasse in einem einzelnen Erytrozyt (MCH höher als 36 pg), bspw. bei Mangel von Cobalamin (Vitamin B$_{12}$) oder Folsäure, spricht man von hyperchromen Anämien.

Wenn die Erythrozyten kleiner als 83 µm^3 sind, wird die Anämie als mikrozytär bezeichnet. Hierzu kommt es bei Eisenmangel oder Thalasämie.

Sind die Erythrozyten größer als 95 µm^3, bezeichnet man dies als makrozytäre Anämie. Dies ist der Fall bei Folsäure- und Cobalamin (Vitamin B$_{12}$)-Mangel.

---

[27]   nach Hick et al., 1995 sowie Klinke et al., 2003

Anämieformen

- Eisenmangelanämie: Sie ist die Ursache für 52 % aller Anämien.[28] Bei steigendem Eisen-Verbrauch (durch den dauernden Blutverlust, Lactation, Eisen-Bindung im Gewebe) oder ungenügender Eisen-Aufnahme (durch Mangelernährung oder Verdauungsstörungen) kommt es zu einer durch den Eisenmangel gestörten Hämoglobinsynthese.[29] Die Eisenmangelanämie ist eine Form der mikrozytären, hypochromen Anämie.[30]

- Hämolytische Anämien: Sie machen 27 % aller Anämien aus.[31] Die hämolytischen Anämien entstehen durch einen abnormen Abbau von Erythrozyten. Die Ursache dafür kann im fehlerhaften Aufbau der Zellen liegen, wodurch die abnormalen Zellen schneller absterben. Bei den vererbbaren Aufbaufehlern liegt eine angeborene hämolytische Anämie vor. Auch die körperlichen Einflüsse können die Lebensdauer von Zellen verkürzen.

Die häufigsten Arten von angeborenen hämolytischen Anämien sind die Kugelzellenanämie, Mittelmeeranämie und Sichelzellenanämie.[32]

- Kugelzellenanämie: Sie liegt vor, wenn die Erythrozyten eine niedrige osmotische und mechanische Resistenz aufweisen. Dadurch werden sie kugelförmig und können die engen Bahnen des Milzsinus nicht passieren. Es kommt zur Vergrößerung der Milz und einer kürzerer Überlebenszeit von Erythrozyten.[33]

- Mittelmeeranämie: Diese entsteht durch die fehlerhafte Hämoglobinbildung und kommt meistens bei der Mittelmeerbevölkerung vor. Die Fehler treten an verschiedenen Stellen der Polypeptidkette im Hämoglobin auf. Dadurch werden die Erythrozyten stark verändert. Die Zellen haben dann eine verminderte mechanische und eine erhöhte osmotische Resistenz.[34]

- Sichelzellen-Anämie: Sie kommt durch die Punktmutation im Hämoglobin-Gen, wodurch ein beim Sauerstoffmangel leicht auskristallisierbares Hämoglobin gebildet wird. Die Erythrozyten nehmen eine sichelartige Form an und werden zerstört.

---

[28]   vgl. Nowicki, Martin, 1974
[29]   vgl. Burkhardt et al., 1978
[30]   vgl. Klinke et al., 2003
[31]   vgl. Nowicki, Martin, 1974
[32]   vgl. Burkhardt et al., 1978
[33]   vgl. Hick et al., 1995; Burkhardt et al., 1978
[34]   vgl. Burkhardt et al., 1978

-   Perniziöse Anämie: Mit allen megaloblastischen Formen zusammen macht sie 4 % aller Anämien aus.[35] Sie ist eine Form von der makrozytären, hyperchromen Anämie. Die perniziöse Anämie tritt bei längerem (monate- oder jahrelang) Mangel von Cobalamin (Vitamin B_{12}) oder Folsäure auf. Diese Stoffe sind für die DNA-Teilung unersetzbar. Falls sie fehlen, kommt es zu einer Mitosestörung. Dadurch wird die Teilung von Knochenmarkszellen verhindert. Da die Hämoglobinsynthese in den Zellen weiterläuft, werden die daraus gebildeten Erythrozyten übergroß (MCV > 100 μm^3).[36] Sie sind mechanisch instabil und zerfallen in kleinere abnorm geformte Zellteile.[37]

[35]   vgl. Nowicki, Martin, 1974
[36]   vgl. Klinke et al., 2003
[37]   vgl. Burkhardt et al., 1978

3.3 Gerinnungs-Störungen

Der Gerinnungsprozess wird durch die Gerinnungsfaktoren in Gang gesetzt (Tabelle 1). Meistens sind die mangelhaften Gerinnungsfaktoren die Ursache von Gerinnungs-Störungen. Seltener können die gerinnungshemmenden Substanzen den Prozess beeinflussen. Es gibt zwei gegensätzliche Gerinnungsstörungen: eine verminderte Gerinnung und eine erhöhte Gerinnung. Bei der erhöhten Gerinnung sind die Zahlen von Thrombozyten erhöht. Die mangelhaften Gerinnungsfaktoren verursachen die verminderte Gerinnung. Angeborene Gerinnungs-Störungen sind meistens Hämophilie A oder Hämophilie B. 30 % dieser Krankheiten sind Neumutationen. Erworbene Gerinnungs-Störungen treten bei Infektionskrankheiten und schweren Blutungen auf.[38]

Bei den angeborenen Gerinnungsstörungen ist die Ursache fast immer der Mangel eines einzelnen Faktors. Zum Beispiel ist bei Hämophilie A der Faktor VIII (antihämophiles Globulin, antihämophiler Faktor A) gestört, bei der Hämophilie B der Faktor IX („Plasma thromboplastin componente", antihämophiler Faktor B, Christmas-Faktor), bei der Hypoprothrombinämie ist es Faktor II (Prothrombin) und bei A- oder Hypofibrinogenämie Faktor I (Fibrinogen).[39]

Die erworbenen Gerinnungsstörungen schließen Koagulopathien, Thrombozytopenien und Verbrauchskoagulopathie ein und können in Folge von schweren Blutungen oder Infektionskrankheiten auftreten.

Die Koagulopathien entstehen bei Mangel von plasmatischen Faktoren. Sie treten meistens bei schweren Leberfunktionsstörungen auf, da die Faktoren I, II, V, VII, IX, X in der Leber gebildet werden. Für die Bildung der Faktoren II, VII, IX und X wird Vitamin K gebraucht, darum kommt es bei Mangel von Vitamin K auch zu Koagulopathien.

Die Thrombozytopenien entstehen bei weniger als 30000 Thrombozyten pro mm^3. Hier kommt es zu spontanen Blutungen, die dann punktförmig aussehen. Bei kleineren Thrombozytenwerten können Hämatome entstehen. Ursachen können Leukämien, megaloblastäre Anämien oder Medikamente sein.[40]

---

[38] vgl. Heldmaier et al., 2004; Frick, 1980
[39] vgl. Frick, 1980
[40] vgl. Frick, 1980; Heldmaier et al., 2004

Die Verbrauchskoagulopathie kommt selten vor und ist durch die Aktivierung des Gerinnungsprozesses gekennzeichnet, in dem ein Verbrauch von Gerinnungsfaktoren und Thrombozyten stattfindet. Den Prozess können die Thrombokinase-ähnlichen Substanzen auslösen, die bei der Geburtshilfe, bei Tumoren u. a. verwendet werden.[41]

Heparin, Hirudin und einige Schlangengifte sind die Substanzen, welche die Gerinnung hemmen. Das Heparin hemmt die Synthese und Wirkung von Thrombin, das die stabile Verknüpfung von Blutplättchen gewährleistet. Es wird in Leber, Zunge, Muskelgewebe und Granulozyten gebildet. Hirudin ist im Speichel der Blutegel enthalten, es schaltet das Thrombin aus.[42]

Zu einer erhöhten Gerinnung zählen die Störungen mit einer erhöhten Zahl von Thrombozyten, wie Thrombozytosen und Thrombozythämie.

Bei den Thrombozytosen steigt der Thrombozytenwert sekundär auf 400.000 Zellen pro mm³. Es kommt zu Eisenmangelanämien, akuten Blutungen und manchmal zu Tumoren.

Als Thrombozythämie bezeichnet man eine Hyperproduktion von Thrombozyten. Ihre Anzahl kann 1 Million pro mm³ erreichen. Dadurch können Thrombosen entstehen.[43]

---

[41]   vgl. Frick, 1980
[42]   vgl. Heldmaier et al., 2004; http://herz.qualimedic.de/Blutgerinnungshemmer_hirudin.html, 06.09.06
[43]   vgl. Frick, 1980

3.4 AIDS

AIDS (acquired immunodeficiency syndrom) – das erworbene Immunschwächensyndrom – wird durch das menschliche Immunschwäche-Virus (HIV, human immunodeficiency virus) verursacht. Es greift das Immunsystem an, wodurch der Organismus gegen Infektionskrankheiten wehrlos ist.

Das HIV infiziert die Zellen, an deren Oberfläche das CD4-Protein und ein Corezeptor vorhanden sind. Die meisten Zellen sind Makrophagen und 70 % von allen T-Helferzellen. Es sind die wichtigen Zellen des Immunsystems. Nach der Infektion produzieren und setzen sie große Mengen von HIV-Partikeln frei, die wieder CD4-Träger infizieren.

Erst werden die Makrophagen infiziert. In diesen werden die Viren mit der anderen Oberflächen produziert, welche die T-Zellen infizieren. Alle diese Zellen werden systematisch zerstört und es kommt zu einem Zusammenbruch des Immunsystems.[44]

---

[44]   vgl. Madigan et al., 2006; Campbell et al., 2003

4 Literaturverzeichnis

Burkhardt (Hrsg.), Zöllner, Häussler, Brandlmeier, Korfmacher, (1978): Hämatologie, Springer, Berlin.

Campbell, Reece (2003): Biologie, Spektrum, Heidelberg

Frick (1980): Blut- und Knochenmarksmorphologie, Blutgerinnung, Thieme, Stuttgart

Heldmaier, Neuweiler (2004): Vergleichende Tierphysiologie, Springer, Berlin

Held (2004): Prüfungs-Trainer Biologie der Tiere, Elsevier GmbH, München

Hick (Hrsg.), Hick, Jockenhövel, Korupp, Merker, Schäffler (1995): Physiologie, Jungjohann, Neckarsulm

Klinke, Silbernagl (2003): Lehrbuch der Physiologie, Thieme, Stuttgart

Madigan, Martinko (2006): Brock Mikrobiologie, Pearson Studium, München

http://herz.qualimedic.de/Blutgerinnungshemmer_hirudin.html, 06.09.06

http://www.illustration.de/il/picture?id=125&pic=6744, 25.09.06